I0068853

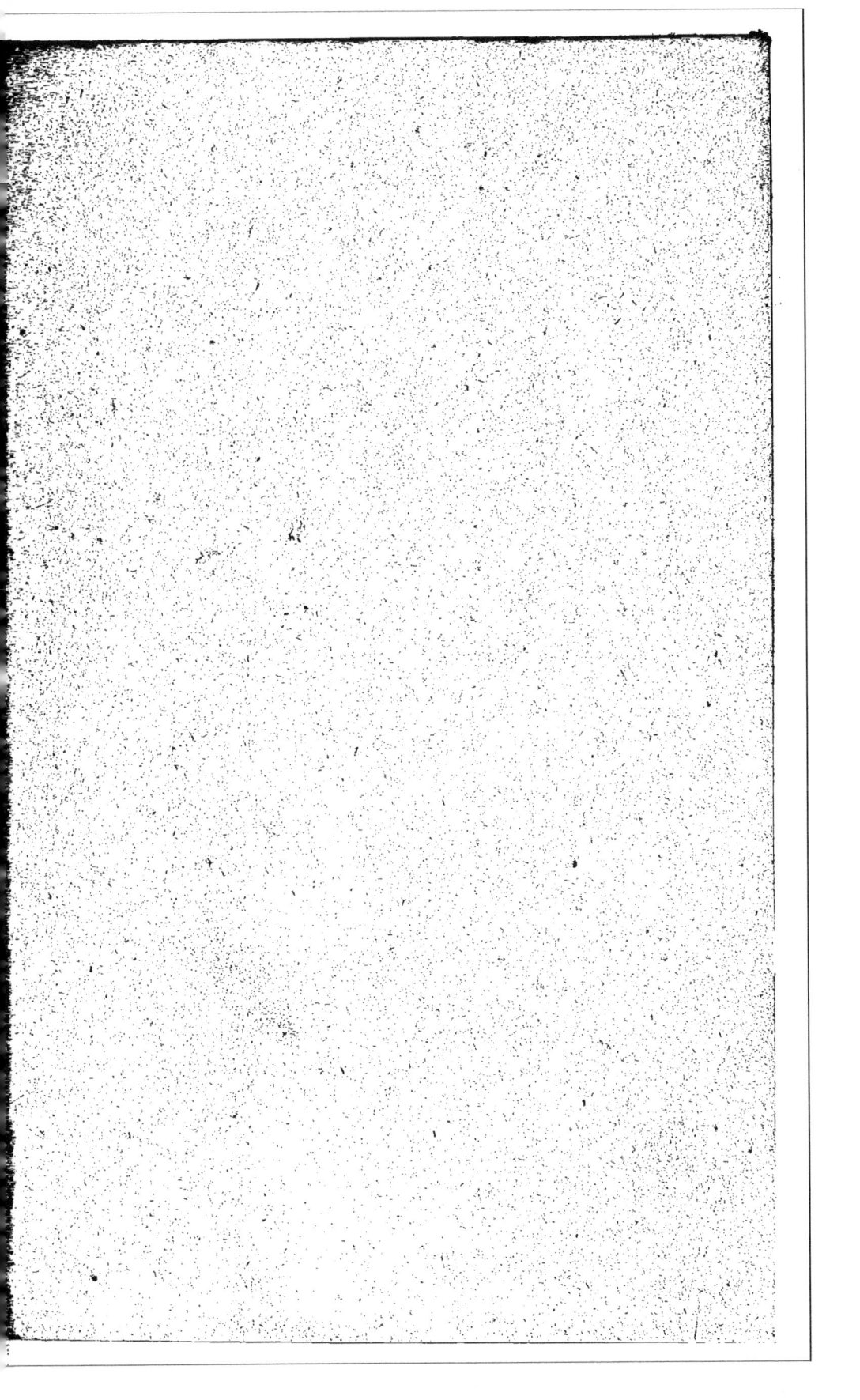

31212

107

MATHÉMATIQUES

APPLIQUÉES AU DESSIN LINÉAIRE.

PERSPECTIVE GÉNÉRALE.

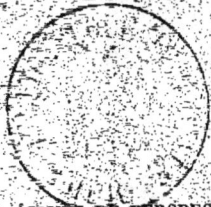

1.re DIVISION.

COURS DE PERSPECTIVE DIRECTE , THÉORIQUE ET PRATIQUE ,
ouvert le 6 Mai 1844.

RÉSUMÉ

Des Leçons faites par le Professeur Eug. BAILBY.

BORDEAUX.

CHEZ TH. LAFARGUE , IMPRIMEUR-LIBRAIRE ,

Rue Puits de Bagne-Cap ; 8.

1844.

MATHÉMATIQUES

APPLIQUÉES AU DESSIN LINÉAIRE.

BIBLIOTHÈQUE ROYALE

1

PERSPECTIVE.

BIBLIOTHÈQUE ROYALE

1

Les effets grandioses de l'architecture et de la sculpture des temps héroïques dénotent assez le savoir des Anciens dans la combinaison des lignes et des ombres. Les pierres gravées, trouvées dans les fouilles de Stabies, les fresques d'Herculanum et les hiéroglyphes de la vieille Egypte prouvent que, de temps immémorial, l'art de la dégradation linéaire fut connu des peintres et des sculpteurs. Par la démonstration des lignes proportionnelles, Euclide légua à la postérité quelques préceptes de perspective, et Asclépiodore, sculpteur grec, contemporain et ami d'Apelle, en enseigna les premières notions au peintre d'Alexandre. Enfin, l'étude de cette partie de l'optique remonte à une époque si reculée, que son origine se perd dans la nuit des temps.

L'époque du Bas-empire fut le signal de la décadence des sciences et des arts, et l'on chercherait vainement quelque trace de perspective dans les travaux des artistes du Moyen-Age. Georgius Reich et Viator furent les premiers qui, secouant la poussière séculaire des vieux auteurs grecs, cherchèrent à exhumer cette science ; leurs efforts restèrent impuissants. Mais bientôt une ère nouvelle, préparée par le génie de Jules II, secondé des talents de Michel-Ange et de Raphaël, s'ouvrit aux arts et aux sciences, et l'étude de la perspective fut une des conséquences du principe rénovateur, dont le réseau enveloppa successivement les différentes écoles de l'Europe entière. Pendant que le célèbre Albert Durer florissait en Allemagne ; en France et en Italie, paraissaient les œuvres de Du Cerceau, de Pierre Accolti, de Guido Ubaldi, et de Salomon de Caux ; et l'Orient apportait aussi son tribut à l'époque, en mettant au jour la géométrie descriptive que trois cents ans auparavant, Alhazen, auteur arabe, avait traduite d'Euclide. L'impulsion donnée aux arts par l'école de Raphaël sembla se raviver encore vers le milieu du XVII.ᵐᵉ siècle : la perspective fut alors enrichie des ouvrages remarquables de Sirigatti, de Desargues et de Vaulezard ; Newton fit son optique, Samuel Marollois ajouta la mésoptrique à l'ouvrage d'Albert Durer, et un savant jésuite du nom de Dubreuil, composa un excellent traité des phénomènes de la vision directe et indirecte.

Daniel Barbaro, patriarche de Venise, avait publié en 1548, un livre de perspective, suivi d'observations sur la vision directe. Cet ouvrage, devenu fort rare, était écrit d'une manière peut-être trop abstraite, mais les démonstrations d'un grand nombre de ses propositions étaient rigoureuses et savantes.

Parmi les perspecteurs du siècle dernier, on doit distinguer Ozanam, Courtonne, Jeaurat, Lavit, Lespinasse, l'abbé Deidier et l'immortel Valenciennes. Depuis ces auteurs, la science est stationnaire.

Je ne prétends pas enseigner la perspective par des moyens entièrement nouveaux, car la science a des lois immuables qu'il est impossible de méconnaître ; mais j'ai cherché à simplifier les méthodes ordinaires et à résoudre la plupart des problèmes sans employer les procédés connus, qui sont toujours d'une exécution lente et hérissée de difficultés.

Je crois avoir trouvé de nouvelles simplifications utiles, surtout pour les cas où la surface sur laquelle on doit opérer, présente des difficultés particulières ; ces

simplifications nous permettront d'abandonner un à un
les principes de l'école routinière.

Le problème qui a pour objet de déterminer l'apparence perspective d'un point donné résume à lui seul
tout l'enseignement de la perspective directe et linéaire.
Mais bien qu'avec une connaissance approfondie et rai-
sonnée de la solution de ce problème on puisse, en
thèse générale, résoudre toutes les questions, il est
cependant un cas particulier pour lequel ce système
devient insuffisant ; c'est lorsqu'il s'agit de courbes : ici
le résultat rigoureux est introuvable, et l'on est forcé de
se contenter d'une approximation, car les projections
perspectives de ces sortes de lignes, ne s'obtenant qu'à
l'aide de points pris sur la courbure, et le point n'ayant
aucune étendue appréciable, il est évident que, quel
que soit le nombre des points qu'on prenne, le résultat
ne marquera que des points de passage de la courbe,
qui reste toujours inconnue et qu'on doit tracer à la
main. A la vérité, la solution de ce genre de problèmes
n'offre jamais qu'un résultat approximatif, quelle qu'ait
été la méthode employée. Ce système, de la solution du
problème du point, ne doit pas être admis pour une
opération compliquée, car il nécessite un si grand nombre de lignes d'opération, qu'il deviendrait très-difficile,

sinon impossible , de reconnaître les intersections de deux lignes correspondantes , d'avec celles déterminées par le croisement général des lignes menées au point de vue avec celles menées au point de distance. Ainsi, pour la plus grande partie des problêmes de la perspective pratique , il est donc important de chercher à diminuer le nombre des lignes d'opération. Les auteurs anciens avaient compris cette tâche et nous ont laissé plusieurs bons résultats de leurs travaux , dont les modernes se servent : on reproche , avec raison , à ces derniers de ne pas travailler à l'agrandissement du domaine de la science , en continuant les recherches et les études consciencieuses de leurs prédécesseurs.

Dans le cours de perspective que j'ouvre aujourd'hui, je me propose d'indiquer aux élèves une nouvelle voie de simplifications , basée sur les démonstrations géométriques des premières opérations. Devant suivre une autre marche que celle qui est généralement adoptée aujourd'hui , j'offre de répondre aux objections qu'on croira à propos de me faire , et je me déclare prêt à recevoir avec gratitude les observations qui auront pour but de rendre la science plus simple ou plus précise.

Bordeaux , le 6 Mai 1844.

EUGÈNE BAILBY.

PERSPECTIVE.

———◦◉◦———

La **Perspective générale** est la science qui a pour but de déterminer, sur une surface quelconque, les apparences diverses des surfaces et des corps, selon les modifications apportées par leur éloignement et leur position, relativement à l'œil du spectateur : elle est théorique et pratique.

Quatre branches divisent la perspective générale en autant de sciences particulières qu'il convient de classer de la manière suivante :

1.º La **Perspective directe** ou Perspective proprement dite, qui consiste à déterminer sur une surface plane, supposée verticale et directement opposée à l'œil, les apparences d'objets donnés.

2.º La **Perspective double**, appelée par quelques auteurs Perspective curieuse, dont l'objet est de représenter, soit sur une surface courbe, soit sur une surface plane non verticale ou sur une surface plane et verticale, mais vue en raccourci, des projections perspectives qui, d'un point donné, produisent l'effet d'un résultat de perspective directe.

3.° La Catoptrique ou science de la réflexion ; vulgairement on la nomme Mirage. Cette science détermine l'image des objets sur lesquels s'arrêtent les rayons visuels qui ont été réfléchis par une ou par plusieurs surfaces polies.

4.° La Dioptrique ou science de la réfraction, dont les phénomènes sont dus à la densité plus ou moins grande d'un ou de plusieurs nouveaux milieux qui écartent de leur direction primitive les lignes de parcours des rayons visuels. C'est la Dioptrique qui détermine les déviations que subissent les rayons visuels par la résistance des molécules des milieux différents. Certaines combinaisons de Perspective double et de Dioptrique produisent des effets si imprévus, que les Anciens donnaient à ces sciences le nom de Magie.

Chacune de ces divisions comprend deux genres de lois : les unes linéaires, les autres aériennes.

N'ayant à traiter que de la Perspective directe, dans ses rapports avec le dessin linéaire, nous laisserons de côté toutes les autres branches de la Perspective générale.

PERSPECTIVE DIRECTE.

Ire PARTIE.

PRINCIPES ET SURFACES.

1. Les RAYONS VISUELS sont les lignes droites que,
par hypothèse, parcourent tous les points apparents
d'un sujet, pour se rendre à l'œil et y déterminer une
impression sensible. Le rayon visuel n'étant que le trajet
d'un point à un autre, est sans largeur ni épaisseur ;
mais l'ensemble d'une certaine quantité de rayons cons-
titue une pyramide ayant pour base la forme apparente
du sujet, et, pour sommet, le point de l'œil où se croisent
les rayons extrêmes. L'objet regardé peut n'être qu'un
point, qu'une ligne ; s'il n'est qu'un point, la pyramide
visuelle se résume dans son axe ; s'il n'est qu'une ligne,
la pyramide visuelle devient un triangle. Outre la pyramide visuelle particulière qui a le périmètre de sa base
dans les contours de l'objet, il se fait autour de l'axe
une autre émission de rayons visuels, mais d'autant plus
faibles et plus indécis, qu'ils s'écartent davantage de
l'axe qui est alors commun aux deux pyramides. La
pyramide formée par ces derniers rayons est la plus
grande possible et son périmètre est circulaire ; ceux
des rayons qui en déterminent la surface ont une si

grande obliquité, qu'il est difficile de fixer leur inclinaison sur l'axe ; cependant, on a reconnu que cette inclinaison doit être d'environ 45 degrés (ancienne mesure).

2. L'ANGLE VISUEL est formé par l'écartement des rayons visuels extrêmes : l'axe de la portion de cet angle comprise entre l'œil et le tableau représente la distance.

Quoique l'ouverture de l'angle visuel puisse dépendre de la volonté du perspecteur ou d'une donnée arbitraire, on est pourtant tenu de la renfermer dans de certaines limites démontrées par l'expérience ; ainsi, elle ne peut être supérieure à 90 degrés, car les rayons visuels qui feraient sur la cornée transparente un angle obtus seraient en partie rejetés par l'iris ; on ne doit pas non plus adopter un angle compris entre 80 et 90 degrés, car les rayons extrêmes tomberaient trop obliquement sur la rétine et n'y causeraient qu'une impression vague et imparfaite. De 70 à 80 degrés, les rayons visuels apportent assez distinctement au fond de l'œil la représentation des points d'où ils émanent ; ainsi on devra prendre cette limite pour la plus grande ouverture de l'angle visuel.

Si l'on suppose la distance infinie ou l'objet extrêmement petit, l'angle visuel pourra être diminué au point de ne plus former d'angle sensible, mais alors la scénographie sera réduite à un point. Un angle compris entre 0 et 10 degrés serait presque dans le même cas, et celui qui aurait de 10 à 30 degrés, serait encore trop aigu pour que sa projection occupât un grand espace sur la rétine, et, comme chaque point de cette membrane possède la faculté de transmettre au cerveau l'idée des images qui viennent se reproduire au fond de l'œil, il s'ensuit qu'une image qui ne frapperait qu'une faible portion de la rétine, affecterait moins le nerf optique, et par cela même causerait une sensation moins vive au cerveau que celle qui en frapperait une plus grande partie; donc, les angles visuels compris entre 0 et 30 degrés ne présentent que des apparences trop peu distinctes et font supposer les objets beaucoup moins grands qu'ils ne sont réellement, à moins qu'on ne tienne un compte rigoureux de la distance. Les angles de 30 à 40 degrés font supposer les objets un peu plus rapprochés; enfin, ceux qui ont plus de 40 degrés conviennent seuls pour embrasser une grande étendue.

Ainsi, ce n'est donc que par l'axe d'un angle visuel moindre de 80 degrés et supérieur à 40, qu'on devra prendre ou supposer la distance du spectateur au tableau.

3. Le TABLEAU est une surface verticale, base de la pyramide visuelle réelle, et sectionnant la pyramide visuelle fictive : la pyramide visuelle fictive est celle à laquelle on suppose pour base les objets dont la scénographie fait le sujet du tableau. Une suite continue de plans parallèles à la base de la pyramide visuelle apporte jusqu'à l'œil l'image de cette base; or, si une surface transparente est interposée entre l'œil et la base, et qu'à l'exemple d'Albert Durer on trace sur cette surface le contour des objets, il est positif que, l'œil et le tableau

transparent étant toujours dans les mêmes rapports, le tracé des objets en tiendra linéairement lieu, lorsque les objets eux-mêmes seront cachés par une surface opaque, mise entre eux et la surface transparente. Or, le tableau est cette surface opaque, et comme le sujet n'existe pas en réalité, l'art de la perspective directe est de représenter sur le tableau la section de la pyramide visuelle, telle qu'elle serait si le tableau était transparent et que les objets fussent derrière, exemple *figure 1*, soient l'œil en O, le tableau ABCD, l'objet EFGH et les rayons visuels EO, FO, GO, HO, la section marquerait E' F' G' H'.

Le plus grand tableau qu'on puisse voir est celui dont la surface serait la base d'un cône visuel qui aurait pour sommet un angle droit. Si le tableau avait une toute autre forme que celle d'un cercle, celle d'un carré, par exemple, sa surface ABCD, *figure 2*, pour être aussi grande que possible, devrait être inscrite dans la base du cône : si elle était circonscrite, on n'en pourrait voir les parties EFG, GHI, IKL, LME, car les rayons visuels sont bornés au périmètre de la base de la pyramide visuelle.

4. La LIGNE DE TERRE quelquefois appelée base du tableau, représente le plan de la surface du tableau : elle est horizontale.

5. Le PLAN GÉOMÉTRAL est une surface supposée horizontale qui doit contenir le plan des objets donnés ; le plus ordinairement on le place sur une surface faisant

suite à celle du tableau, au-dessous de la ligne de terre : il est mieux de supposer le plan géométral sur la surface du tableau.

6. L'HORIZON est la ligne indéfinie où semblent se réunir le ciel et la terre, lorsque d'un endroit élevé on regarde autour de soi. Cette ligne est une circonférence, mais l'œil étant dans le même plan, il résulte que l'arc aperçu par une seule émission de rayons visuels coïncide avec sa corde, et est coupé à angles droits par l'axe visuel. En perspective, l'horizon est une ligne droite ; le prolongement réel ou figuré de cette ligne hors du tableau se nomme aussi horizon.

7. Le POINT DE VUE représente la projection de l'œil sur l'horizon perspectif ; il est déterminé par la rencontre, avec le tableau, d'une droite menée de l'œil, parallèlement au plan de l'axe de la pyramide visuelle, *figure* 3, ABCD, tableau ; CD, ligne de terre ; O, œil ; O', point de vue.

8. La distance OO', de l'œil au tableau, étant rapportée sur la ligne d'horizon des deux côtés du point de vue, détermine les deux POINTS DE DISTANCE, Y, Z.

Si l'on suppose que le tableau ait pour surface la base d'un cône visuel, dont les côtés seraient inclinés à 45 degrés, les points de distance seront aux extrémités de l'horizon perspectif, sur le périmètre du tableau, soit en Y et Z, *figure* 4 ; car, tout angle inscrit dans un demi-cercle étant droit, il s'ensuit que le triangle YOZ, ayant pour base le diamètre Y Z, et pour axe O O' perpendiculaire à Y Z, est l'élévation du cône visuel ; ainsi O O' est la distance de l'œil au tableau, mais O'O, O'Y et O'Z sont des rayons d'un même cercle, A, donc ils sont égaux, et la grandeur O'O, rapportée sur l'horizon B C, des deux côtés du point O', coïncidera avec les grandeurs O'Y et O'Z. Dans aucun cas, les points de distance ne peuvent être dans le tableau ; car il est facile de concevoir que pour que cela arrivât, il faudrait supposer le tableau plus grand que la plus grande base qu'on puisse donner au cône visuel ou donner au sommet de ce cône un angle plus grand que 90 degrés, conditions qui n'appartiennent qu'à la perspective double. Ainsi, à part le cas singulier, dans lequel la surface du tableau est égale à la base du cône visuel et que le sommet du cône a 90 degrés, les points de distance sont toujours en dehors du tableau.

9. Les POINTS ACCIDENTELS sont les points de l'infini où aboutissent les extrémités fuyantes des lignes qui, parallèles entre elles, ne sont ni verticales, ni parallèles à l'horizon, ni parallèles à la surface du tableau. Celles de ces lignes qui sont parallèles au plan horizontal tendent à l'horizon : car la distance qui sépare ces deux parallèles représente une grandeur quelconque, et toute grandeur poussée à l'infini, c'est-à-dire, à l'horizon, se réduit à un point ; or, un point ne peut être inscrit dans un angle, donc, il ne peut y avoir d'angle visuel assez petit pour circonscrire une projection pous-

sée à l'infini, et, comme la grandeur d'une projection perspective est relative à la grandeur de l'angle visuel (11), deux ou plusieurs droites parallèles tendent à un même point.

« Il y a des cas, dit Courtonne, où la distance de » l'œil au tableau est supposée si grande, que les points » de distance ne peuvent se rencontrer dans le tableau, » etc., etc. » Et pourtant, Courtonne savait très-bien qu'à part les singulières conditions dans lesquelles le périmètre contient les points de distance, ces points doivent invariablement se trouver hors du tableau (8). C'est en suivant les mêmes errements que certains auteurs nomment quelquefois point de vue, un point accidentel où tendent les principales lignes d'une scénographie : alors, par analogie, d'autres personnes nomment points de distance les points accidentels où tendent les diagonales des carrés construits sur les lignes fuyantes au point accidentel principal.

Théorêmes.

10. *Les objets vus sous un angle semblable font leurs projections d'une grandeur égale, quelles que soient d'ailleurs leurs distances et leurs grandeurs.*

Figure 5. Soient l'œil O, le tableau A B et les objets C D, E F et G H. Les rayons visuels C O, D O projettent en C' D' l'apparence perspective de C D (3). Or, si les objets E F et G H sont inscrits entre les rayons C O, D O, leurs rayons extrêmes E O et F O, G O et H O

2

coïncideront avec une partie des rayons C O, D O, et, comme ces derniers rayons sont sectionnés en C' et D', il est évident que C' D' sera à la fois, la projection de E F et celle de G H. Mais la droite G H est plus petite que E F, et E F est plus petite que C D, car si du point H on mène sur E F une droite H I parallèle à G E, on aura G H égale à E I, comme parallèles comprises entre parallèles, et si l'on ajoute à E I la quantité I F, ce sera E F plus grande que G H; de même si du point F, on mène la droite F K parallèle à E C, E F et C K seront égales, comme parallèles comprises entre parallèles; mais C K n'est qu'une portion de C D, donc C D est plus grande que E F, donc les trois droites C D, E F, G H sont inégales.

De l'objet le plus éloigné, C D, on mènera au tableau la droite L M, qui sera sa distance de profondeur, et, comme L M est sectionnée en N et en P par les objets E F et G H, N M sera plus grande que P M, mais plus petite que L M, donc les distances sont inégales.

Donc, quelles que soient les grandeurs et les distances, les objets vus sous un angle semblable font leurs projections d'une grandeur égale.

11. *De plusieurs objets semblables, vus sous des angles différents, la grandeur de chaque projection est en raison directe de l'ouverture de son angle visuel.*

Figure 6. Soient l'œil O, le tableau A B et les objets égaux C D, E F et G H. Les rayons visuels C O, D O font en C'D' la projection de C D, les rayons de E F sont

EO, FO, et ceux de GH sont GO, HO, et les projections sont E'F' pour EF, G'H' pour GH. Mais l'angle visuel EOF est moins ouvert que COD, car il y est compris, plus COE, plus FOD, et ce même angle EOF est plus grand que GOH, car il le comprend, plus les deux angles EOG et HOF. Or, G'H' faisant partie de E'F' lui est inférieure, par la même raison E'F' est inférieure à C'D'. Mais C'D' est la projection par le plus grand angle et G'H' par le plus petit, donc, etc.

De cette proposition et de la précédente on doit conclure *que la grandeur d'une projection est en raison directe de l'ouverture de l'angle visuel.*

12. *La distance d'une projection à l'horizon est en raison inverse de la distance de l'objet dans le plan du tableau.*

Figure 7. Soient O' comme hauteur de l'horizon et BO' considérée comme la projection du plan horizontal BC, prolongé jusqu'à l'horizon, et comme le profil de la surface du tableau. Les rayons visuels DO, EO projettent en D', E' les points D, E, et les droites BE, BE' sont coupées par DO en parties perspectivement proportionnelles; ainsi, BD est à BE comme BD' est à BE'. Or, le point E est plus éloigné que D de la surface BO' et sa projection E' est plus rapprochée de l'horizon que D', donc, etc.

De cette proposition on doit conclure :

1.° *Que les projections des objets placés au-dessous de l'horizon montent en raison directe de leur éloignement de la surface.*

2.° *Que les projections des objets placés au-dessus de l'horizon descendent en raison directe de leur éloignement de la surface.*

13. *La distance de l'œil au tableau étant la même, la grandeur de la projection est en raison inverse de la distance de l'objet au tableau.*

Figure 8. Soient le point de vue O et le tableau A B. Si l'objet est en C D, les rayons visuels C O, D O seront sectionnés en C', D', mais s'il est en E F, les rayons E O, F O seront sectionnés en E', F'. Ainsi C'D' sera la projection de l'objet placé en C D, et E'F' sera celle du même objet placé en E F. Or, la distance G I est plus grande que la distance G H qu'elle contient, plus H I; et la droite C'D' est plus grande que E'F', car E'F' en fait partie. Mais C'D' est la projection du corps placé à la plus courte distance du tableau ; donc la grandeur d'une projection est en raison inverse de la distance de l'objet au tableau.

14. *La distance de l'œil à l'objet étant la même, la grandeur de la projection est en raison directe de la distance de l'œil au tableau.*

Figure 9. Soient le point de vue O et l'objet A B. Le plan du tableau étant en CD, A'B' sera la projection de A B, mais s'il est en E F, la projection sera en A''B''.

— 13 —

Or, la projection A"B" est moindre que A'B', car, si du point B" on mène sur A'B' une droite B"B'" parallèle à A"A', on aura A'B'" et A"B" égales, comme parallèles comprises entre parallèles ; ainsi, comme A'B'" n'est qu'une partie de A'B', cette dernière ligne sera donc plus grande que A"B". Mais la distance GO est évidemment moindre que la distance HO dont elle fait partie ; donc la grandeur d'une projection est en raison directe de la distance de l'œil au tableau.

15. *La distance de l'objet au tableau étant la même, la grandeur de la projection est en raison directe de la distance de l'œil au tableau.*

Figure 10. Soient l'objet A B et le tableau C D. Le point de vue étant en O, A'B' sera la projection de A B ; mais si le point de vue est en O', la projection sera en A"B". Or, A'B' est moindre que A"B", car A"B" contient A'B', plus A"A' plus B'B". Mais la distance EO est évidemment moindre que E O' dont elle fait partie, et, comme A'B' est la projection déterminée par le point de vue le plus rapproché du tableau, la grandeur d'une projection est donc en raison directe de la distance de l'œil au tableau.

16. *La partie apparente d'une sphère est d'autant moindre que le point de vue en est plus rapproché, et cette apparence semble d'autant plus grande qu'elle est en réalité plus petite.*

Figure 11. Soit la sphère A B. Si le point de vue est

en O , les rayons visuels extrêmes seront tangents en C et en D , et la pyramide visuelle ayant pour périmètre de sa base la circonférence du petit cercle C D , l'œil, O , découvrira toute la portion C G D. Mais si l'on suppose le point de vue en O ', les tangentes seront alors O' E et O' F , et la portion de surface embrassée par la pyramide visuelle sera E G F. Or , la distance du point O à la sphère est plus grande que celle du point O', car G O contient G O' plus O'O ; et la portion C G D est plus grande que E G F , car E G F en fait partie.

L'angle E O' F est plus grand que l'angle C O D , car si l'on prolonge sur O C et O D les droites O'E, O'F et qu'on mène la droite H I , les triangles isocèles H O I, H O'I auront la base H I commune , et les angles I H O' et H I O' seront évidemment moindres que les angles I H O et H I O , ainsi l'angle complémentaire O' du triangle H O'I sera donc plus grand que l'angle complémentaire O du triangle H O I. Mais l'angle O' est formé par les rayons visuels O'E, O'F, et l'angle O , par les rayons O C et O D ; donc l'apparence E G F semblera plus grande que C G D (11).

17. *On ne peut voir que moins de la moitié d'une sphère , et cette apparence semble plus grande que la sphère.*

Car pour en voir toute la moitié , il faudrait que la pyramide visuelle eût pour base le grand cercle et que ses rayons extrêmes fussent tangents à la plus grande circonférence ; ce qui les supposerait perpendiculaires à un diamètre , A B , mené sur le plan du grand cercle. Or , comme toutes les lignes perpendiculaires à un même plan ou à une même ligne sont parallèles entre elles , les rayons visuels qui aboutissent tous à un point commun ne pourraient être tangents à la circonférence ; donc il est impossible d'apercevoir toute la moitié d'une sphère ; et , comme la grandeur apparente est en raison inverse de la grandeur réelle (16) , il est clair que si l'on pouvait voir toute la demi-sphère, la projection n'en semblerait que plus petite.

Problêmes.

18. *Etant donnés un tableau (inscrit) et l'ouverture de l'angle visuel, trouver la grandeur de la distance.*

Figure 12. Soient le tableau A B C D et l'angle visuel O. Construire le rectangle A'B' C'D' semblable à A B C D , mais sur une base moins grande ; par exemple , que A'B' soit à A B comme 1 est à 4 ; mener les diagonales A' C' et B' D', leur intersection fixera en O' le centre du tableau , le centre de la base du cône visuel , et conséquemment le point de vue ; de ce point comme centre , et d'un rayon égal à une demi-diagonale , circonscrire A'B'C'D' par une circonférence. Partager le cercle par une sécante horizontale indéfinie qui , en passant par la projection de l'œil , déterminera l'horizon du tableau A'B'C'D' et sectionnera la circonférence visuelle en Y et en Z.

Sur l'angle O, et d'une grandeur arbitraire , construire un triangle isoscèle, E O F. Faire sur Y Z un

— 16 —

angle Y égal à l'angle E et un angle Z égal à l'angle
F. Continuant l'un vers l'autre les côtés Y et Z, ils se
rencontreront en O'' et formeront le triangle Y O'' Z,
qui sera semblable à E O F; car, par construction,
l'angle Y est égal à l'angle E, et l'angle Z est égal à F;
or, comme la somme des angles de tout triangle est
égale à 180 degrés ou deux angles droits, les angles
complémentaires O et O'' seront égaux, et le triangle
Y O'' Z sera le profil du cône visuel (1). Donc, une
droite, O'' O', menée du sommet au milieu de la base,
sera la longueur de l'axe, et cette grandeur déterminera
la distance relative à la grandeur du tableau A'B'C'D';
mais les lignes de ce tableau sont à celles de A B C D
comme 1 est à 4, donc, en prenant cette grandeur
O' O'', et en la rapportant quatre fois sur une droite
indéfinie, G H, on aura G I pour grandeur de la distance du tableau A B C D.

19. *Etant donnés un tableau (inscrit) et la grandeur
de la distance, trouver l'ouverture de l'angle visuel.*

Figure 13. Soient le tableau A B C D et la distance
E F. Construire le rectangle A'B'C'D' semblable à
A B C D, mais moins grand; par exemple, que leurs
bases soient dans le rapport de 1 à 4 : mener les diagonales A'C' et B'D', leur point commun O sera le centre
du tableau et celui de la base du cône visuel; de ce
point, comme centre, et d'un rayon égal à une demi-
diagonale, circonscrire A'B'C'D' par une circonférence.
Partager le cercle par un diamètre, Y Z, qui détermi-

nera l'horizon de A'B'C'D'; du point O et perpendiculairement à l'horizon, abaisser une droite indéfinie.

Prendre une grandeur proportionnelle qui soit à E F comme A'B' est à A B et la rapporter sur la perpendiculaire, de O en O'. Alors, prenant la droite Y Z pour profil de la base du cône visuel, O' en sera le sommet et O O' l'axe; donc Y O' et Z O' seront les rayons extrêmes, et Y O' Z sera l'ouverture de l'angle visuel.

20. Dans les données des deux problèmes précédents, le tableau est supposé inscrit, c'est-à-dire que, relativement à sa forme et aux dimensions du cône visuel, il a toute la grandeur possible. Mais, s'il s'agissait d'un tableau dont le point de vue ne fût pas au milieu de l'horizon, ou d'un tableau dont l'horizon ne passât pas par le centre, le problème serait insoluble, à moins qu'on ne connût un angle du tableau qui, par donnée, aurait son sommet à la circonférence de la base du cône visuel. En ce cas, il faudrait ramener le tableau à des dimensions inscrites et lui appliquer celle des deux solutions précédentes qui serait en rapport avec sa grandeur inconnue.

Etant donnés un tableau dont un angle appuie sur le périmètre de la base du cône visuel, l'horizon et le point de vue, déterminer la grandeur de la surface inscrite de laquelle le tableau fait partie, (les côtés de la surface étant parallèles à ceux du tableau).

Figure 14. Soient le tableau A B C D, l'horizon E F, le point de vue O et l'angle inscrit B A D. Du point

O, comme centre, et par le point A, décrire une circonférence ; prolonger A B et A D jusqu'à la rencontre de la circonférence, en B' et en D' ; mener B'C' parallèle à B C, et D'C' parallèle à D C. Alors, A B'C'D' sera une figure inscrite dans la base du cône visuel, car la circonférence de cette base passe par le point A, et les trois angles B', C', D' ont été pris sur la même circonférence : ainsi, A B C D faisant partie de A B'C'D', cette dernière figure est le tableau primitif duquel on avait retranché la partie B B'C'D'D C.

L'angle commun à un tableau inscrit et à un tableau réduit ne peut être, dans ce dernier, que le plus éloigné du point de vue, car le rayon de la circonférence qui limite les rayons visuels étant évidemment égal à la distance du point de vue au sommet de l'angle commun, il s'ensuit que, si un autre angle quelconque du tableau se trouvait éloigné du point de vue d'une distance plus grande que la longueur d'un rayon, cet angle resterait en dehors de la base du cône visuel. Par exemple, si nous supposions que l'angle commun fût l'angle B, une circonférence, dont le centre serait en O, et qui aurait pour rayon O B, sectionnerait O A, plus grande que O B, car les rayons d'un même cercle sont égaux. Or, la circonférence limitant la divergence des rayons visuels, il est évident que la partie de O A qui rendrait cette ligne supérieure à O B ne pourrait être comprise dans la base du cône.

Démonstration du procédé des opérations de perspective.

21. Plusieurs procédés déterminent plus ou moins clairement les projections perspectives : ce qui caractérise celui que je propose, c'est que dans tous les cas possibles, il concentre l'opération entière sur le tableau, qui sert lui-même de plan géométral, et qu'il dispense de recourir aux points de distance ; tandis que les procédés ordinaires réclament un plan géométral hors du tableau et un point de distance, ressources qu'il coûte d'abandonner, lorsqu'on quitte les bancs de l'école et les opérations conventionnelles, pour appliquer son savoir à résoudre des problèmes ardus sur des surfaces irrégulières et circonscrites de toutes parts. La démonstration du procédé que je propose exigeant de longs développements, je la diviserai en cinq périodes.

Première période (emploi de la pyramide visuelle et de sa projection ichnographique).

Figure 15. Soient donnés l'œil O, son plan O', un objet A B C et un tableau D E F G. Les rayons visuels font la pyramide O A B C, dont on déterminera la section en menant au point O' les rayons plans A O', B O' et C O'; en élevant jusqu'à la rencontre des rayons visuels, A O, B O, C O, les verticales A', B', C', prises des points où les rayons plans sont sectionnés par la ligne de terre ; et en joignant par les droites A" B", B" C" et C" A" les points A", B" et C".

Car, O' étant le plan de l'œil, la droite O O' est verticale, et, comme le tableau l'est aussi, la pyramide visuelle O A B C et son plan O' A B C sont coupés en parties proportionnelles; ainsi, O'A'B'C' est à A'B'C'CBA comme la petite pyramide comprise entre l'œil et le tableau est au tronc de pyramide compris entre la base et le tableau; et, séparément, O'A' est à A'A comme O A" est à A"A, O' B' est à B'B comme O B" est à B"B et O'C' est à C'C comme O C" est à C"C; car les verticales A', B', C' divisent les rayons A O, B O et C O en parties proportionnelles aux divisions de leurs plans A O', B O' et C O'. Donc, A"B"C" est la projection perspective.

Deuxième période (emploi de la pyramide visuelle et de sa projection orthographique).

Figure 16. Soient donnés l'œil O, un objet A B C, un tableau D E F G et, sur le tableau, le point de vue O'. Dans la période précédente, la projection est déterminée par les rencontres que font avec les rayons visuels les verticales élevées des points où la ligne de terre sectionne les plans des rayons de la pyramide visuelle. Mais si, au lieu d'opérer par le plan où ichnographie de la pyramide visuelle, on opère par son élévation ou orthographie, le résultat sera le même, car l'orthographie étant tracée sur le tableau par la projection, relativement perpendiculaire, de la pyramide visuelle, il est évident que la rencontre de chaque rayon visuel avec sa propre projection divise la projection et le rayon en parties proportionnelles. Ainsi, on construira d'abord l'orthographie en menant, des angles de l'objet A B C, des perpendiculaires à la ligne de terre G F, et, des points de rencontre A'B'C', les droites A'O', B'O' et C'O' au point de vue. Or, l'intersection de A'O' avec le rayon A O, donnant en A" la section de ce rayon par le tableau, détermine le point A" pour projection du point A ; l'intersection de B'O' avec B O donne en B" la projection du point B, et celle de C'O' avec C O donne en C" la projection du point C. Donc, le triangle A"B"C", formé par des droites menées de A" en B", de B" en C", et de C" en A", est la projection du triangle A B C.

Troisième période (emploi de la projection orthographique et de la pyramide visuelle développée par la distance).

Figure 17. Soient donnés l'œil O, un objet supposé en A B C, un tableau D E F G, le point de vue O', la projection orthographique O'A'B'C' et, pour horizon, l'horizontale indéfinie passant par O'. Dans ces données, l'objet réel n'existant pas sur le plan horizontal situé derrière le tableau, il ne peut y avoir de pyramide visuelle entre l'œil et l'objet ; mais elle peut être figurée sur la surface par une projection développée, car, tout rapport gardé, relativement à la longueur de chaque rayon et à sa section par la surface du tableau, si l'on prend sur l'horizon un point qui soit éloigné du point de vue d'une grandeur égale au plan de la distance de l'œil au tableau, et que, de ce point, on mène sur la ligne de terre, de l'autre côté du point de vue, des droites d'une longueur et d'une inclinaison semblables à la longueur et à l'inclinaison des rayons visuels, il est évident que ces droites, bien que tracées sur la surface du tableau, remplaceront les rayons visuels, en ce qu'elles sectionneront les rayons orthographiques aux mêmes points que le tableau aurait de communs avec les rayons visuels, c'est-à-dire, les points d'incidence de ces derniers.

Ainsi, la distance, O O', de l'œil au tableau devra être rapportée sur l'horizon à droite ou à gauche du point de vue, le choix du côté étant arbitraire, supposons cette grandeur de O' en Y ; mener sur la ligne de terre les perpendiculaires A A', B B' et C C', qui représenteront les distances respectives des points A, B, C à la ligne de terre, ou, ce qui est le même, les grandeurs particulières des plans des portions de rayons visuels compris entre le tableau et les points projecteurs ; rapporter sur la ligne de terre les grandeurs A A', B B' et C C', du côté opposé au point de distance qu'on aura choisi, par exemple, de A' en A", de B' en B", de C' en C"; on mènera les droites A"Y, B"Y et C"Y, et le résultat Y A" B" C" sera la projection développée par la distance. Or, les rayons correspondants des deux projections se coupant en A''', B''' et C''', la figure A'''B'''C''' est la projection perspective du triangle fictif A B C.

Quatrième période (emploi de la projection orthogra-phique et de la pyramide visuelle développée par la dis-tance, le plan géométral étant sur le tableau).

Figure 18. Soient donnés le tableau A B C D, le point de vue O et le point de distance Z. Ayant à mettre en perspective un objet fictif, par exemple, un triangle supposé en E F G, il est indifférent, quant au résultat, d'en tracer le plan géométral, soit sur le plan D H, ou sur C I, ou sur la surface A B C D; car, en conservant la distance géométrale supposée de chacun des points de la figure à la ligne de terre et leurs positions en égard au point de vue, il est certain que la projection sera toujours invariablement la même. Or, comme il est plus rationnel de chercher à concentrer toute l'opération sur le tableau, nous prendrons définitivement ce dernier parti, en ayant soin, toutefois, d'agir préalablement sur des données géométrales dont les grandeurs ne dépassent pas la surface du tableau. Plus tard, nous rechercherons les moyens de déterminer les grandeurs et les plans des objets dont le tableau ne pourrait contenir les grandeurs géométrales.

Ainsi, soit rapporté en E'F'G' le triangle supposé, les rapports étant les mêmes que pour la figure E F G, relativement à la position et à la distance de chacun des points à la ligne de terre. Mener sur la ligne de terre les perpendiculaires E' E", F' F" et G' G" qui la section-neront aux points où l'auraient sectionnée les perpen-diculaires que, conformément à la troisième période,

on aurait menées des points E, F, G ; rapporter de E"
en E''' la grandeur E'E", de F" en F''' la grandeur F'
F" et de G" en G''' la grandeur G'G" ; mener les droites
E"O, F"O, G"O, E'''Z, F'''Z et G'''Z, dont les résultats étant les deux projections de la pyramide visuelle,
la section, l'une par l'autre, de ces deux projections
détermine en *e*, *f*, *g*, la projection proposée.

*Cinquième période (emploi de la projection orthogra-
phique et de la pyramide visuelle développée par une
fraction de la distance, le plan géométral étant sur le
tableau).*

Figure 19. Soient donnés le tableau ABCD, le
point de vue O, le plan EFG d'un objet, la projection
orthographique OE'F'G' et la distance égale à HI.
Les points de distance ne pouvant être dans le tableau, on emploiera une fraction quelconque de la
distance. Prendre, par exemple, une moitié de HI et
la rapporter sur l'horizon de O en Y ; rapporter sur la
ligne de terre, de E' en E", de F' en F" et de G' en G",
des demi-grandeurs des distances des points E, F, G au
tableau ; mener les droites E"Y, F"Y et G"Y, et la
figure YE"F"G" sera la pyramide visuelle développée
sur le tableau par une demi-distance. Or, chaque ligne
de cette projection coupera la ligne correspondante de
la projection orthographique au même point où, (comme
dans la période précédente), elle serait coupée par la ligne analogue de la projection développée par la distance ;
car si, entre deux droites parallèles, deux lignes inscri-

tes se sectionnent et que par leur commune section on mène une troisième ligne, aussi inscrite, les droites parallèles seront divisées en parties proportionnelles ; alors, si du point de distance Y', pris comme sommet, on trace la projection de la pyramide visuelle Y'E''' F'''G''', les droites E'''Y', F'''Y' et G'''Y' sectionneront E'O, F'O et G'O aux mêmes points que E''Y, F''Y et G''Y. Donc, le résultat de l'opération par une fraction de la distance est identique avec celui qu'on obtiendrait par la distance entière, en rapportant toutefois sur la ligne de terre une grandeur qui soit à la distance de l'objet au tableau comme la fraction de la distance de l'œil au tableau est au plan de l'axe visuel.

Problêmes.

22. *Etant donnés le tableau, le point de vue et une demi-distance, mettre un point en perspective.*

Figure 20. Soient le tableau A B C D, le point de vue O, la demi-distance O Y et le point proposé, en E. Abaisser sur la ligne de terre C D la perpendiculaire E E', et tracer de E' en O le rayon orthographique E'O ; rapporter de E' en E'' une grandeur égale à la moitié de E E' et joindre par une droite les points E'' et Y. Cette droite E''Y, étant le profil du rayon visuel de l'œil à l'objet, passera par le tableau et y portera la projection du point E. Or, cette projection devant se rencontrer sur E'O et sur E''Y, il est évident qu'elle sera déterminée par le point qui est commun à ces deux lignes ; donc e est la projection du point E (21. Cinquième période).

3

23. *Étant donnés le tableau, le point de vue et une demi-distance, mettre en perspective une ligne droite.*

Soit la ligne proposée F G. Déterminer les projections des points F et G, et les joindre par une ligne droite. Cette ligne droite, F'G', sera l'apparence perspective de F G, car toutes les parties qui la composent sont dans une même direction, et ses extrémités F' et G' sont les projections des points F et G.

Lorsque la ligne donnée est géométralement parallèle à l'horizon, sa projection est horizontale. Car les profondeurs géométrales des deux points extrêmes étant semblables, leurs profondeurs perspectives doivent être égales. Ainsi, pour mettre en perspective la droite A B, *figure* 21, on mènera les rayons orthographiques A'O et B'O, et, coupant l'un deux, par exemple A'O en a par le rayon développé A''Z, on déterminera en a la projection du point A; et une horizontale $a\,b$, conduite du point a jusqu'à la rencontre de B'O, sera l'apparence perspective de A B.

Lorsque la ligne donnée est géométralement perpendiculaire à la ligne de terre, sa projection est dans une direction tendant au point de vue. Car la perpendiculaire, menée de son extrémité la plus éloignée de la ligne de terre, passe évidemment par l'autre extrémité, coïncide avec le plan géométral de la ligne donnée, et rencontre la ligne de terre, au même point que la perpendiculaire abaissée du point le plus rapproché; donc, on ne peut mener qu'un rayon orthographique, et ce rayon doit porter les extrémités de la ligne perspective. Ainsi, pour mettre en perspective la droite C D, on mènera le rayon orthographique D'O ; et, ses sections en *c* et en *d* par les rayons développés C'Z et D"Z détermineront la projection en *c d*.

Lorsque la ligne donnée fait un angle de 45 degrés avec la ligne de terre, sa projection est dans une direction tendant à un point de distance. Car les distances géométrales de ses deux extrémités à la ligne de terre, étant rapportées sur cette ligne du côté du point le moins éloigné, déterminent, avec les perpendiculaires et la droite E G, deux triangles rectangles et isoscèles, dont l'hypoténuse du plus petit coïncide avec une partie de l'hypoténuse du plus grand ; ainsi, les distances développées des deux extrémités de la ligne donnée aboutissent à un même point de la ligne de terre, donc on ne pourrait mener au point de distance qu'une seule ligne droite. Donc, la partie de cette ligne, menée à la distance, comprise entre les deux rayons orthographiques E'O et F'O serait la projection : ligne donnée E F, projection *e f*.

24. *Etant donnés le tableau, le point de vue et une fraction de la distance, mettre en perspective un angle (rectiligne) quelconque.*

Figure 22. Soient le point de vue O, le tiers de distance Y et l'angle proposé A B C. Déterminer les projections des points A, B et C, et les joindre par les droites perspectives B' A' et B' C', ces droites étant les

projections des lignes géométrales B A et B C, l'apparence perspective de l'angle A B C sera l'angle A'B'C'.

*Lorsque l'angle donné est droit et que la projection
d'un de ses côtés est parallèle à l'horizon, celle du second
côté tend au point de vue, et, vice-versâ, lorsque la
projection d'un côté est dans la direction du point de vue,
celle du côté inconnu est parallèle à l'horizon.* Car les
lignes géométralement parallèles à la ligne de terre font
leurs projections horizontales, et celles qui sont géométralement perpendiculaires à la ligne de terre font leurs
projections dans la direction du point de vue (23). Angle
géométral D E F, angle perspectif *d e f*.

*Lorsque l'angle donné est droit et que la projection
d'un de ses côtés tend à un point de distance, celle de
l'autre côté est dans la direction du second point de distance.* Car toute ligne géométrale qui fait avec la ligne
de terre un angle de 45 degrés a son apparence perspective dans la direction du point de distance opposé au
point vers lequel elle se dirige, pour faire avec la ligne
de terre l'angle donné (23). Angle géométral G H I,
angle perspectif *g h i*.

*Lorsque l'angle donné a 45 degrés et que la projection
d'un de ses côtés est parallèle à l'horizon, celle du second
côté tend à un point de distance.* Car un angle droit
perspectif qui a un côté parallèle à l'horizon serait perspectivement divisé en deux parties égales par un des
côtés d'un autre angle droit qui aurait le même sommet,
et dont les côtés fuiraient aux points de distance, ce qui

est une conséquence des deux alinéa précédents : projections des angles droits K L M et N L P, projection de l'angle de 45 degrés M L P. *Si la projection d'un côté de l'angle proposé s'appuyait sur une droite tendant au point de vue, le second côté tendrait à un des points de distance* : K L N et N L M. De même, *si un côté perspectif tendait à un point de distance, il est évident que le second côté serait ou horizontal ou dans la direction du point de vue.*

25. *Etant donnés le tableau, le point de vue et une fraction de la distance, mettre en perspective deux lignes droites parallèles.*

Figure 23. Soient le point de vue O, la demi-distance Z et les parallèles proposées A B et C D. Déterminer les projections des points A, B, C et D et les joindre par les droites perspectives A'B' et C'D'. La ligne A'B' sera la projection de A B et C'D' sera celle de C D (23).

Lorsque les droites parallèles sont géométralement parallèles à la ligne de terre, leurs projections sont horizontales, car chacune de ces lignes fait sa projection parallèle à l'horizon (23) : parallèles géométrales E F et G H, projections *e f* et *g h.*

Lorsque les droites parallèles sont géométralement perpendiculaires à la ligne de terre, leurs projections tendent vers le point de vue (23) : parallèles géométrales I K et L M, projections *i k* et *l m.*

Lorsque les droites parallèles, ou leurs prolongements, font avec la ligne de terre un angle de 45 *degrés, leurs projections tendent vers un des points de distance* (23) : parallèles N P et Q R , projections *n p* et *q r*.

Donc, *toutes les lignes droites qui sont géométralement parallèles entre elles, sans être parallèles à la ligne de terre, tendent vers un même point de l'horizon*, et l'espace qu'elles comprennent semble d'autant plus rétréci, qu'elles s'éloignent davantage de la ligne de terre (9).

26. *Etant donnés le tableau, le point de vue et une fraction de la distance, mettre en perspective une figure quelconque.*

Figure 24. Soient le point de vue O, le tiers de distance Z et le triangle A B C. Déterminer les projections de chacun des sommets des angles et les joindre par les droites perspectives A'B', B'C' et C'A' : la figure que formeront ces droites sera la projection du triangle.

Lorsque la figure proposée a des côtés parallèles et des angles dont les sommets ont entre eux une certaine correspondance, il faut profiter de ces avantages, en mettant en pratique les propositions des trois derniers paragraphes. Ainsi, soit donné le carré géométral D E F G. Déterminer la projection du point D en D"; tracer le rayon orthographique E'O et le sectionner par une horizontale menée du point D", ce qui déterminera la projection D"E", pour le côté D E; car lorsqu'une ligne est géométralement parallèle à l'horizon, sa projection est horizontale (23). Les angles D et E étant droits, leurs côtés D G et E F doivent fuir au point de vue; ainsi les projections de ces côtés devront faire partie des rayons orthographiques D'O et E'O (23). Lorsqu'une ligne géométrale fait 45 degrés avec la ligne de terre, sa projection tend à un point de distance ; aussi on devra prendre en H le tiers de D''E'', et continuer indéfiniment Z H, dont la rencontre avec D'O déterminera D''G', perspectivement égal à D''E''. Donc, une horizontale G'F', menée sur E'O, déterminera l'apparence perspective de l'angle F en F', et celle du carré D E F G en D''E''F'G'.

27. La résolution des problêmes qui comprennent des lignes et des surfaces courbes ne peut se faire que par approximation, et en admettant l'hypothèse de considérer toute circonférence comme le périmètre d'un polygone régulier inscrit, d'un nombre infini de côtés.

L'approximation approchera d'autant plus de la vérité qu'on supposera un plus grand nombre de côtés au polygone ; car, la courbe devant être tracée de sentiment, il est évident que ce sentiment sera d'autant moins exagéré qu'on aura dû faire passer cette ligne par une plus grande quantité de points déterminés. Mais néanmoins il ne faut pas, pour rechercher une exactitude qu'il est notoirement impossible d'atteindre, multiplier les constructions, au point de rendre l'opération obscure ; on doit, au contraire, chercher à déterminer la projection le plus simplement possible.

Prenant pour sujet une circonférence, nous passerons successivement en revue les projections plus ou moins approximatives que produisent certains nombres de points, et les avantages qui résultent de leurs différentes combinaisons.

Deux points peuvent être le passage d'un nombre infini de lignes, droites et courbes ; ainsi, ce nombre de points ne peut fixer la courbure d'une ligne ; un seul point le pourrait encore moins. Le triangle est le polygone le plus simple ; aussi le nombre de ses angles ne suffit-il pas pour diriger approximativement l'apparence perspective d'une circonférence qui le circonscrirait : par trois points donnés on détermine, en géométrie, le rayon et la courbure d'un arc ou d'une circonférence, mais, en perspective, cela ne peut être ; car aucun instrument connu ne peut décrire une courbe dont la longueur des rayons varie à chaque point, ce qui distingue les arcs perspectifs, hormis le cas assez rare où le centre de la courbe coïncide avec le point de vue, et encore faut-il que, par donnée géométrale, elle soit supposée tracée sur une surface verticale parallèle à celle du tableau ; mais aussi, dans cette circonstance, il n'est même pas besoin d'avoir trois points de passage, il est assez du centre et du rayon, le compas fait le reste. A la rigueur, quatre points suffisent pour faire passer l'apparence perspective d'un cercle ; mais il faut qu'ils soient disposés de manière à fixer la profondeur fuyante et la largeur de la projection ; car, s'ils étaient combinés de façon à former les projections A, B, C et D, *figure* 25, il est clair que, par ces quatre points, on pourrait mener une trop grande quantité de courbes différentes, pour qu'on puisse raisonnablement admettre l'une d'elles sans autre examen. Par cinq points pris sur une circonférence et mis en perpective, il est évident que la projection serait plus approximative que si l'on n'en eût pris que quatre ; mais néanmoins on ne doit pas employer ce nombre de points, parce que, quelque combinaison qu'on prenne, il faut plus de constructions pour mettre en perspective les cinq angles d'un pentagone régulier, que pour mettre en perspective les six angles d'un hexagone, ce qui fait toujours préférer cette dernière figure, comme plus exacte : par les mêmes raisons, l'octogone est préféré à l'heptagone.

Pour les praticiens à qui une longue habitude de la perspective en fait, en quelque sorte, pressentir les résultats, les opérations par quatre, six ou huit points doivent suffire ; mais aux personnes à qui la pratique de l'art n'est pas familière, et même aux perspecteurs qui ont à reproduire des projections de cercles d'une certaine grandeur, je conseille de se servir de douze points et quelquefois de seize. Si la figure était fort grande ou qu'on voulût une plus parfaite projection, on devrait choisir un polygone de vingt-quatre, de trente-deux ou de quarante-huit côtés, ou même beaucoup plus grand, en prenant toujours un nombre de côtés divisible par quatre, afin de jouir du bénéfice des propriétés des parallèles, des perpendiculaires, des horizontales et des lignes inclinées à 45 degrés.

Mettre un cercle en perspective par une approximation de quatre points.

Soit le cercle E. Mener le diamètre E F perpendiculaire à la ligne de terre, et le diamètre G H perpendiculaire à E F. Alors, la profondeur géométrale du cercle sera représentée par E F, et sa largeur par G H. Déterminer les projections des lignes E F et G H, en observant que E F est perpendiculaire à la ligne de terre, que G H est horizontale, que les points E et G sont sur une droite inclinée à 45 degrés sur la ligne de terre, que les points F et H sont sur une droite parallèle à E G et qu'enfin les lignes E H et F G sont perpendiculaires à E G. Or, les projections des diamètres étant *e f* pour la profondeur et *g h* pour la largeur, on tracera à la main la circonférence perspective *e g f h*, et l'espace qu'elle renfermera sera la projection du cercle.

Mettre un cercle en perspective par une approximation de douze points.

Soit le cercle 1. Mener le diamètre I K perpendiculaire à la ligne de terre, et le diamètre L M parallèle à l'horizon ; diviser l'arc I M en trois parties égales, I N, N P et P M ; diviser l'arc M K en Q et en R, et les arcs K L et L I en S, en T, en U et en V. Déterminer la projection du dodécagone régulier I N P M Q R K S T L U V, et, prenant chacun de ses côtés pour des cordes perspectivement semblables, tracer de sentiment les arcs *i n*, *n p*, *p m*, *m q*, *q r*, *r k*, *k s*, *s t*, *t l*, *l u*, *u v* et *v i*, lesquels, unis ensemble et cintrés par un même rayon perspectif, détermineront la projection du cercle.

Ces deux solutions, diversement approximatives d'un

même problème qu'on ne peut jamais résoudre rigoureusement, suffisent, je crois, pour guider les élèves
dans le cas où il leur conviendrait d'employer un plus
grand nombre de points.

28. Qu'on veuille se rendre un compte exact de la
vérité d'une scénographie ou qu'on en veuille changer
quelques dispositions, il faut le plus souvent recourir
au plan géométral primitif ; pour cela, on n'a qu'à suivre la marche inverse d'une opération ordinaire. Mais,
comme à une largeur immense le champ perspectif d'un
tableau joint une profondeur infinie, il arrive fréquem-
ment que la grandeur réelle de la surface du tableau est
trop exiguë pour contenir le plan des objets dont on
veut connaître la position, la forme et la grandeur géométrales, et alors une autre opération est nécessaire.
Deux cas se présentent donc : dans le premier, la surface du tableau peut contenir le plan de l'objet géométral et sa distance effective ; dans le second, cette surface
ne peut les contenir.

Premier cas :

*Étant donnés le tableau, le point de vue et une frac-
tion de la distance, ramener une droite perspective à son
plan géométral.*

Figure 26. Soient le tableau A B C D, le point de
vue O, la demi distance Z et la droite E F. Du point
O et par les points E, F, conduire sur la ligne de
terre les rayons orthographiques O E' et O F' ; élever
les perpendiculaires indéfinies E' et F' ; du point Z,

mener sur C D les droites Z E " et Z F ". Rapporte.
deux fois sur la perpendiculaire E' la grandeur E'E"
qui déterminera le point *e*, et sur la perpendiculaire F'
rapporter deux fois la grandeur F'F" qui déterminera
le point *f*. Donc, la droite *e f* sera la ligne géométrale
dont la projection est en E F, et les grandeurs *e* E' et
f F' seront les profondeurs géométrales des extrémités
de la droite dans le champ du tableau (21 , ordre ren-
versé de la cinquième période).

Second cas :

Étant donnés le tableau, le point de vue et une frac-
tion de la distance, ramener une droite perspective à son
plan géométral.

Figure 27. Soient le tableau A B C D, le point de
vue O , la demi-distance Z et la droite E F. Entre la
projection et la ligne de terre, tracer une horizontale G H;
la sectionner en C' et en D' par les droites O C et O D,
perspectivement perpendiculaires à la ligne de terre, qui
feront en C' D' la projection du plan du tableau à la
distance perspective C C'. Considérer C' D' et ses prolongements comme une nouvelle ligne de terre et conduire par E et par F les rayons orthographiques O E',
O F'; élever les perpendiculaires indéfinies E' et F';
mener sur G H les rayons Z E" et Z F", et enfin rapporter deux fois les grandeurs E'E" et F'F" sur les
perpendiculaires E' et F'. Or, une droite E'" F'" sera
donc l'apparence géométrale de la ligne perspective
E F (28 , premier cas), mais cette ligne géométrale

n'aura qu'une grandeur et une distance relatives à la fausse ligne de terre C' D'; cependant, E''' F''', ou toute autre figure ramenée ainsi sur une fausse ligne de terre, peut subir toutes sortes de modifications géométrales, susceptibles d'être mises en perspective sans le concours de la première ligne de terre C D. Si l'on voulait connaître la grandeur qu'aurait la ligne E F au premier plan du tableau, il faudrait rapporter E''' F''' sur G H, de *e* en *f*, et ramener cette grandeur, ou une fraction de cette grandeur, sur C D par des droites X *e*', X *f*', qui auraient un point commun à l'horizon : cette grandeur inconnue serait *e' f'*, car O C et O D étant perspectivement parallèles, C D et C'D' sont perspectivement égales, comme parallèles comprises entre parallèles, et, par la même raison, les droites *e f* et *e' f'*, comprises entre les parallèles fuyantes X *e'* et X *f'*, sont aussi perspectivement égales; mais, la grandeur *e f* est, par construction, géométralement égale à E''' F''', et *e' f'* est au premier plan du tableau, donc *e' f'* sera la grandeur géométrale de E''' F''' sur la surface du tableau A B C D. Les lignes E' E''' et F' F''', portées sur G H et ramenées sur C D par des parallèles fuyant à l'horizon, détermineront les distances géométrales de chacun des points des extrémités de E F à la surface du tableau.

29. *Étant donnés le tableau et l'horizon, diviser une droite fuyante en parties perspectivement égales ou proportionnelles.*

Figure 28. Soient le tableau A B C D , l'horizon E F
et la droite G H. Pour diviser perspectivement cette
droite , par exemple , en cinq parties égales , il faut du
point H mener la droite indéfinie H I , parallèle à l'horizon ; porter sur H I cinq divisions égales d'une grandeur arbitraire H K , K L , L M , M N , N P ; du point
P faire passer par le point G une droite P X continuée
jusqu'à l'horizon , et mener du point X les droites X K ,
X L , X M et X N : les sections de ces droites avec G H
détermineront les divisions perspectives. Car , si de
chacun des points K , L , M et N , on eût mené des parallèles à P X , il est évident que G H et P H auraient été
divisées en parties proportionnelles et comme , par construction , la droite P H est divisée en parties égales , la
droite G H serait également divisée en parties égales ;
mais , G H est une ligne fuyante et K X , L X , M X ,
N X et P X sont des parallèles perspectives (25) ; donc
les grandeurs G N ', N ' M ', M ' L ', L ' K ' et K ' H sont
perspectivement égales.

30. *Étant donnés le tableau et l'horizon , ajouter à
une droite fuyante une ou plusieurs grandeurs proportionnelles.*

Figure 29. Soient le tableau A B C D , l'horizon E F
et la droite G H. Supposons , par exemple , qu'on veuille
ajouter à G H une grandeur avec laquelle cette ligne
soit dans le rapport de 6 à 5. Prolonger G H indéfiniment ; du point G mener une horizontale indéfinie , G I ;
d'un point accidentel , X , pris arbitrairement sur l'hori-

zon, conduire une droite par le point H jusqu'à la rencontre de G I au point K ; rapporter de K en L les cinq sixièmes de G K et mener L X. La section en L', de L X par la prolongation de G H, détermine en H L' la grandeur perspective qu'on s'était proposé d'ajouter à G H ; car, H L' étant dans la direction de G H, K L étant dans la direction de G K et L X et K X étant perspectivement parallèles, il s'ensuit que G K est à K L comme G H est à H L' (29), ou que G K est à G H comme K L est à H L'. Or, la grandeur K L est à G K comme 5 est à 6, donc G H est à H L' comme 6 est à 5.

31. Quelques opérations scénographiques sont exécutables sur des données purement perspectives ; mais il faut que les lignes données, et celles à construire, aient avec l'horizon ou avec les points de vue et de distance des rapports assez réguliers pour pouvoir participer aux dispositions générales et particulières des parallèles et des angles droits ou demi-droits (24 et 25) : tels seraient, par exemple, les angles et les côtés d'un carré.

I. *Étant connus le tableau, le point de vue et une fraction de la distance, construire un carré perspectif sur la projection horizontale d'un côté donné.*

Figure 30. Soient le point de vue O, la demi-distance Y et la droite A B, donnée comme projection du côté le plus rapproché du premier plan. Le carré cherché ayant le côté A B parallèle à l'horizon, le second côté parallèle à celui-ci sera donc aussi horizontal, les

deux autres côtés seront dans la direction du point de
vue et les diagonales tendront aux points de distance
(24). Ainsi, mener les droites A O et B O ; partager
A B en deux parties égales A C , C B ; conduire une
droite de C en Y qui, à cause de la demi-distance,
déterminera A D perspectivement égal à A B ; du point
D mener une horizontale sur B O, et la rencontre en E
déterminera le sommet de l'angle formé par les côtés
D E et B E. Or, les angles A, B, E et D sont droits, car
chacun d'eux est formé d'un côté horizontal et d'un côté
tendant au point de vue (24) ; et les côtés A B , D E,
A D et B E sont égaux , car A B est égal à D E, et A D
est égal à B E, comme parallèles comprises entre parallèles, mais A D a été construit égal à A B, donc les
quatre côtés sont perspectivement égaux. Donc A B E D
est la projection d'un carré.

II. *Construire un carré perspectif sur la projection
horizontale d'un côté donné, ce côté étant supposé le
plus éloigné dans le tableau.*

Figure 31. Soient le point de vue O , la demi-distance Y et la projection A B. Du point O faire passer
par les points A et B les rayons orthographiques O A ,
O B et les continuer indéfiniment vers la ligne de terre ;
prendre en C un demi A B, tirer la droite Y C et la
prolonger jusqu'à la rencontre au point D du rayon
orthographique indéfini O B, dont la portion B D sera
alors déterminée perspectivement égale à A B ; du point
D mener , sur la prolongation de O A , une droite D E

parallèle à A B. Or, les droites A B, B D, D E et E A étant perspectivement égales, la figure A B D E est manifestement la projection d'un carré, car les angles A, B, D et E sont perspectivement droits (24).

III. *Construire un carré perspectif sur la projection d'un côté tendant au point de vue.*

Figure 32. Soient le point de vue O, la demi-distance Y et la projection A B. Comme le côté connu tend au point de vue, il est positif que les angles qui auront ce côté commun seront déterminés par des droites horizontales qui viendront s'y appuyer (24), et que les deux autres angles auront leurs sommets sur ces mêmes horizontales, aux points où elles seront rencontrées par le côté parallèle au côté donné. Ainsi, de A et de B mener des horizontales indéfinies, et sur l'horizontale A conduire, par le point B, le rayon développé Y C qui déterminera A C, perspectivement égal à un demi A B; rapporter A C de C en D; A D et A B ayant alors une égalité perspective, on mènera D E dans la direction du point de vue jusqu'à la rencontre de l'horizontale B, au point E. Or, la figure A B E D est la projection d'un carré; car, perspectivement, les lignes A B, B E, E D et D A sont égales, comme parallèles inscrites entre parallèles, et les angles A, B, E et D sont droits, comme formés par des horizontales et des droites fuyant au point de vue (24).

IV. *Construire un carré perspectif sur la projection d'un côté tendant à un point de distance.*

Figure 33. Soient le point de vue O et la projection

4

A B. Supposer O et B joints par une droite qu'on prolongera indéfiniment vers la ligne de terre ; du point A mener une horizontale indéfinie qui sectionnera en C le prolongement indéfini de O B. Or, A B, étant dans la direction d'un point de distance et appuyant sur deux droites, dont l'une est horizontale et l'autre tend au point de vue, est l'hypoténuse d'un rectangle isocèle, dont C est le sommet ; ainsi, considérant A B comme le côté d'un carré, A C et B C seront des demi-diagonales, et, portant de C en D la grandeur A C et faisant C E perspectivement égal à B C (30), on aura les diagonales A D et B E, se coupant à angles droits. Donc les lignes A B, B D, D E et E A, qui circonscrivent ces diagonales, font en A B D E la projection d'un carré.

V. *Construire un carré perspectif sur la projection horizontale d'une diagonale.*

Figure 34. Soient le point de vue O, la demi-distance Z et la projection A B. Prendre en C le milieu de A B, supposer la droite O C et la prolonger indéfiniment vers la ligne de terre ; diviser A C et C B chacune en deux parties égales, aux points D et E ; tirer la droite Z D qui, sectionnant O C au point F, déterminera C F perspectivement égale à A C, et mener la droite Z E qui, prolongée sur O C indéfinie qu'elle rencontrera au point G, déterminera C G perspectivement égale à C B ; joindre par des droites les points A et F, F et B, B et G, G et A. Or, la figure A F B G est la projection d'un carré, car, par construction perspective, les diagonales A B et F G sont égales et se coupent à angles droits en parties égales.

VI. *Construire un carré perspectif sur la projection d'une diagonale tendant au point de vue.*

Figure 35. Soient le point de vue O, la demi-distance Z et la projection A B. Prendre en C le milieu perspectif de A B (29), et, par ce point C, faire passer une horizontale indéfinie ; mener la droite Z A qui sectionnera l'horizontale C au point D, et faire passer par B la droite Z B qu'on prolongera jusqu'à la même horizontale qu'elle rencontrera en E ; construire D G égal à C D, et E F égal à C E, et mener les droites A F, F B, B G et G A. Or, la figure A F B G est la projection d'un carré, car, par construction perspective, les diagonales A B et F G sont égales et se coupent à angles droits en parties égales.

VII. *Construire un carré perspectif sur la projection d'une diagonale tendant à un point de distance.*

Figure 36. Soient le point de vue O et la projection A B. Tracer les droites O A et O B, prolonger indéfiniment la première vers la ligne de terre et mener les horizontales A D et B C. Or, la figure A C B D est la projection d'un carré, car, par construction perspective, les angles A, C, B et D sont droits (24), et les lignes A D, D B, B C et C A sont égales.

32. Lorsque la scénographie à construire, ou les projections des lignes connues comportent d'autres angles que ceux de 45, 90 ou 135 degrés, appuyés sur

des horizontales ou sur des droites perspectives tendant au point de vue ou aux points de distance, il convient positivement de revenir au plan géométral des lignes données, d'y ajouter les constructions nouvelles et de mettre séparément en perspective tous les points, dont les projections ne pourraient être obtenues par le seul concours des lignes générales. Exemple :

Etant connue la projection du côté d'un hexagone régulier, construire une suite d'hexagones perspectifs, remplissant un espace donné.

Figure 37. Soient l'horizon A B, le point de vue O, le point de demi-distance Y, la projection C D et l'espace donné E F G H. Ramener C D à son plan géométral C'D' (28), construire le demi-hexagone I C'D'K et mettre en perspective les points I et K *; prolonger K'D en L et en M sur les droites F G et E H; faire K'N perspectivement égal à D L et continuer sur toute la droite L M des divisions perspectives alternativement égales à D K' et à K'N. Par toutes ces divisions, faire passer des horizontales inscrites entre E F et H G, porter sur toute l'étendue de E H une suite de divisions égales à C L et de tous les points de division, P, Q, C, R, S mener des droites perspectives parallèles à L M. Evidemment les intersections, prises deux par deux, de ces parallèles par les horizontales, inscrites entre E F et H G, déterminent les

---

* On peut construire la projection d'un hexagone sur de simples données perspectives; mais cette opération, qui ne donne jamais la projection rigoureuse, est aussi trop compliquée pour un emploi usuel. Consulter à cet égard le paragraphe 34.

projections des angles d'une suite d'hexagones, en alternant toutefois le choix des intersections, de manière à ce que chacun des angles que font sur chaque droite fuyante les parallèles horizontales, corresponde horizontalement à deux intersections nulles des lignes fuyantes qui, de droite et de gauche, lui seront le plus rapprochées : car, les divisions qui ont été portées sur la droite E H ayant pour mesure la moitié d'un hexagone vu par l'angle, il est clair que chaque hexagone est partagé en deux parties égales par une ligne qui, tendant au point de vue, sectionne les horizontales qui passent par ses angles extrêmes (le plus éloigné et le plus rapproché du premier plan), et que les lignes qui le circonscrivent latéralement coïncident avec ses côtés et passent par les centres des hexagones obliquement adjacents à celui-ci.

33. Le cercle étant une surface plane devait indubitablement trouver place auprès des polygones ; mais la projection d'une circonférence ne pouvant être tracée qu'avec un sentiment raisonné du développement perspectif des lignes courbes, j'ai cru à propos d'ajouter deux théorèmes sur la sphère (16 et 17), à la suite de ceux qui n'ont pour but que la détermination des surfaces rectilignes.

Un diamètre horizontal A B, *figure* 38, divise la projection d'un cercle en deux parties perspectivement égales ; l'une de ces parties est antérieure : A C B, l'autre est postérieure : A D B. Or, faisant abstraction de la solidité du plan horizontal, si l'on mène deux verticales

E, F, tangentes au cercle perspectif, ces verticales détermineront en E C F une portion de cercle qui, étant vue par un angle plus grand que celui qui aurait pour base le diamètre, devra paraître plus grande que la moitié du cercle (11); mais comme la grandeur réelle de la partie apparente d'une sphère est non-seulement moindre que sa moitié, mais est encore d'autant moindre que le point de vue en est plus rapproché (16), et comme aussi la grandeur d'une projection est en raison inverse de la distance de l'objet au tableau (13), et en raison directe de la distance de l'œil au tableau (15), le fait du développement des lignes courbes semble impliquer contradiction, et il est évident que, pour tracer la projection d'une circonférence ou d'une courbe quelconque, il faut coordonner les données du problème avec les lois de la projection des surfaces et avec des connaissances relatives au plan de la sphère. Or, de deux choses l'une, on doit ou faire une sorte de perspective spéciale pour les lignes et les surfaces courbes, ou considérer le cercle comme un polygone d'une infinité de côtés, qui seraient les cordes des arcs dont la réunion formerait la circonférence. Ayant adopté, pour le cercle, cette définition perpective, je devais nécessairement le placer immédiatement après les polygones. Ainsi, il convenait de démontrer préalablement les théorèmes concernant la sphère, et l'objection qu'on pourrait m'adresser, relativement à la place qu'ils occupent dans la division de cet opuscule, tombe d'elle-même.

34. Par leur fécondité, les propositions précédentes

sont les plus importantes de la perspective, et, renfermant les propriétés générales des lois relatives aux surfaces horizontales, elles suffisent seules à la résolution de tous les problêmes de cette partie de la perspective directe.

Long-temps on a cru que, sans le recours au plan géométral, le problême de la construction perspective d'un polygone régulier quelconque sur le plan horizontal était insoluble ; rigoureusement, il l'est en effet, mais la combinaison de plusieurs lois de perpective permet d'approcher tellement du résultat exact, que ce résultat ne serait jamais réclamé par la pratique, si d'ailleurs il n'était beaucoup plus simple à déterminer que le résultat approximatif. Le procédé que je vais démontrer n'est donc pas un modèle à suivre, mais il est bon de le connaître, afin d'avoir une idée des ressources immenses de la perspective, et savoir avancer indéfiniment l'approximation de la projection du cercle.

Pour plus de clarté dans la démonstration, nous diviserons la question en deux parties ; la première aura pour objet la détermination du cercle par la projection d'un rayon donné, la seconde sera l'application, à la perspective, du procédé général de la division de la circonférence et l'union des cordes qui doivent former le polygone demandé.

1. *Etant donnés le tableau, le point de vue et une fraction de la distance, décrire une circonférence perspective du centre et d'un rayon de laquelle on connaît la projection.*

Figure 39. Soient le point de vue O, la demi-dis-

tance Z , le centre A et le rayon A B. Le cercle étant
assimilé aux polygones réguliers (27 et 33) , il est évident que sa détermination perspective doit se faire par
des moyens analogues à ceux employés pour les projections des carrés sur des données uniquement perspectives (31); ainsi, prolonger indéfiniment l'horizontale
B A et porter de A en C une grandeur égale à A B ; du
point de vue faire passer par le point A une droite
indéfinie et faire les rayons A D et A E perspectivement égaux à A B ; mener la droite C D et la diviser
en deux parties perspectivement égales C F , F D ; mener A F indéfinie et la sectionner par une droite B E ,
qui fera la grandeur A G perspectivement égale à A F.
En un endroit quelconque du tableau et d'un rayon
égal à A B faire le secteur géométral A'C'D', mesu-
rant 90 degrés ; mener la corde C'D' et la sectionner
en F' par le rayon A'H qui divise l'arc en deux parties égales. Cette corde C'D' représente la projection
géométrale de la droite perspective C D , à la profondeur perspective du point A sur le plan fuyant, car
la droite A D étant, par construction , perspectivement
égale à A C , et l'angle C A D étant perspectivement
droit, il s'ensuit que l'hypoténuse C D est à l'hypoténuse
C'D' comme l'angle perspectif C A D est à l'angle géométral C'A'D'; ainsi le rayon A'H qui divise la corde
C'D' en deux parties égales fera sa projection sur A F
prolongée , car cette dernière droite partage l'angle CAD
et la corde C D chacun en deux parties égales. Or , la
projection perspective de la partie A'F' du rayon A'H

étant déterminée par la rencontre, en F, de l'hypoténuse C D avec la droite indéfinie A F, on devra ajouter
à A F la projection perspective de la flèche F'H, pour
en faire un rayon perspectivement égal à A B; ainsi on
rapportera de A en C sur B A indéfinie la grandeur A'H
(par construction, A'H et A C sont égales), et de A en
I la grandeur A'F', dont la projection est déjà connue;
du point I on mènera par F une droite accidentelle qui
atteindra l'horizon au point X, et du point X on mènera X C, dont la rencontre en H' de la prolongation
de A F déterminera A H' perspectivement égal à A C,
car les grandeurs proportionnelles A I et I C sont proje-
tées en A F et F H' par les parallèles perspectives I X et
C X (30); une opération semblable ajoutera à A G la
grandeur G K qui fera A K perspectivement égal à A B.
Menant K O et O H', et prolongeant indéfiniment cette
dernière ligne vers la base du tableau, il est clair qu'une
horizontale provenant du point K sectionnera en L le
prolongement de O H', et qu'une horizontale provenant
du point H' sectionnera en M la droite K O; or, une
droite L M qui unirait ces deux points serait un diamètre; car la rencontre de l'horizontale K avec la droite
fuyante O H' prolongée détermine le point L, perspectivement aussi éloigné du centre A que le sont les points
K et H', et la rencontre de l'horizontale H' avec la droite
fuyante K O détermine le point M, éloigné du centre A
d'une grandeur perspectivement égale à celle des rayons
A H' et A K; donc les droites perspectives A L et A M
sont des rayons du cercle cherché, et ces rayons, étant

également éloignés des rayons A H' et A K, tombent perpendiculairement sur le diamètre K H' et contribuent, avec les rayons déjà déterminés, à diviser en huit parties perspectivement égales l'espace dont A est le centre. Donc, huit points de passage de la circonférence perspective sont connus.

Pour déterminer un plus grand nombre de points, on divisera en parties égales et perspectives C N, N H', une droite menée de C en H', par une droite A N indéfinie ; sur le secteur géométral A'C'D', on tirera la corde C'H que, par un rayon A'P, on divisera en parties égales C'N', N'H ; on ajoutera à la droite A N du plan perspectif une grandeur relativement égale à la flèche N'P du plan géométral, et alors A P' sera la projection du rayon A' P, également distant des rayons A'C' et A'H. En partageant les autres arcs par le moyen employé dans la division précédente, le résultat sera seize points pour la délimitation du cercle, car les rayons qu'on déterminera perspectivement égaux à A P' seront certainement égaux aux rayons précédemment déterminés. Pour pousser plus loin l'approximation, on mènera une droite C P', correspondant à la corde C'P, et l'on indiquera en Q R' la projection de la flèche Q' R, et, menant de même un nouveau rayon au milieu de chacun des autres arcs perspectifs, le résultat sera la connaissance de trente-deux points pour le passage de la courbe : on continuera ce mode de division jusqu'à 64, 128, 256 rayons, etc., et enfin, lorsqu'on jugera l'approximation assez satisfaisante, on fera passer la circonférence perspective, dont le résultat différera si peu de la vérité (27), que pratiquement on pourra regarder le cercle comme déterminé.

II. *Étant donnés le point le point de vue, une fraction de la distance et un cercle perspectif, inscrire un polygone régulier quelconque.*

Figure 40. Soient le point de vue O, la demi-distance Z et la projection C D B E. Construire sur le diamètre horizontal C B, pris comme base commune, deux triangles équilatéraux perspectifs, en prolongeant indéfiniment C B, en rapportant de A en F et en G la demi-grandeur de l'axe H I, pris sur un triangle C' I B' construit géométralement sur un côté égal à C B, et en sectionnant en K et en L la droite indéfinie D E, perspectivement perpendiculaire à C B, par les lignes de demi-distance F Z, et Z G prolongée; diviser la droite C B en autant de parties égales que le polygone doit avoir de côtés, par exemple en sept parties C M, M N, N P, P Q, Q R, R S et S B*. Par chacune des divisions mener sur chaque portion de la circonférence (divisée par A B),

---

* Au lieu du diamètre horizontal, on pourrait en prendre un fuyant qu'on diviserait en parties égales perspectives; et si ce diamètre était celui qui tend au point de vue, il est évident que, pour avoir les sommets des triangles perspectifs, on devrait rapporter la grandeur entière de l'axe des deux côtés d'une horizontale menée par le centre du cercle. Quel que soit le diamètre qu'on prenne, à part sa division qui peut être perspective ou géométrale, et à part aussi les axes des triangles équilatéraux qui peuvent être raccourcis ou développés, le reste de l'opération est invariablement le même.

des droites du sommet perspectif du triangle opposé à cette demi-circonférence. Ces droites diviseront les arcs C D B et C E B en parties égales perspectives ; car les divisions de la droite C B étant égales, et celles des arcs leur étant proportionnelles (en vertu du triangle équilatéral construit sur le diamètre), il s'ensuit que ces dernières sont égales entre elles, et, comme les arcs sont perspectifs, les divisions sont perspectives. Mais le diamètre est divisé en autant de parties que le polygone doit avoir de côtés, et chacun des deux arcs C D B et C E B contient autant de divisions que le diamètre, donc le nombre de ces divisions est deux fois trop grand ; donc, en les joignant deux à deux par des droites, on déterminera la projection d'un polygone régulier.

PERSPECTIVE DIRECTE.

—

IIme PARTIE.

SOLIDES.

35. Une ligne isolée, une surface isolée, un point isolé ne se rattachant en aucune manière à la perspective des figures tracées sur des surfaces horizontales, je me suis abstenu d'en parler dans la première partie de ce Cours. Mais, en géométrie, la surface ne possède que deux des dimensions de l'étendue, la ligne n'en a qu'une et le point n'en a pas; donc ils ne peuvent exister isolément et indépendamment des corps, mais ils entrent dans leurs éléments constitutifs, et doivent être placés immédiatement avant eux dans la classification que nous avons adoptée.

Théorèmes.

36. *Une grandeur quelconque, projetée à une distance infinie, s'anéantit; mais si, parallèlement à la grandeur donnée, on inscrit entre les rayons projecteurs extrêmes, et n'importe à quelle distance, une ou plusieurs figures semblables à la première, les figures seront perspectivement égales.*

Figure 41. Soient le tableau A B C D, l'horizon E F, le point de vue O et la grandeur verticale G H. Tout point fait sa projection , à l'endroit où le rayon qui le porte est sectionné par le même rayon , développé par la distance (21); or, dans le cas présent , le rayon projecteur du point G est G O ; mais la distance de l'objet dans le champ perspectif du tableau étant infinie , il arrive que le profil du rayon visuel ne peut se développer que sur la ligne d'horizon (car s'il se développait ailleurs sa distance ne serait plus infinie), et que , coïncidant avec cette ligne , il ne rencontrera G O qu'au point O ; ainsi le point de vue sera lui-même la projection du point G; en vertu des mêmes lois, le point H fera aussi sa projection au point de vue, donc le point O réunira les projections des deux points extrêmes de la grandeur donnée. Or, comme le point est un être immatériel , la grandeur comprise entre les points G et H sera donc anéantie , et, comme les droites G O et H O sont perspectivement parallèles , et que les lignes parallèles inscrites entre parallèles sont égales , il est positif que toutes droites I , K , L , inscrites, parallèlement à G H , dans le triangle apparent H O G , seront perspectivement égales.

37 . *La hauteur géométrale d'un objet au-dessus du plan horizontal est à la hauteur de la projection dans le tableau , comme le plan de la distance de l'œil à l'objet est au plan de la distance de l'œil au tableau.*

Figure 42. Soient donnés l'œil O , son plan O', un objet A B , le tableau C D E F et le plan horizontal G H. Une verticale A' B', élevée du point A', déterminera , par ses sections avec les rayons A O et B O , la projection de A B en A" B'. Or, O' A étant le plan de la distance de l'œil à l'objet et O'A' le plan de la distance de l'œil au tableau, nous devons prouver que A B est à A" B' comme O' A est à O' A'.

Les lignes O'O, A' B' et A B étant verticales, et conséquemment parallèles entre elles, il suit de là que la droite A' B' coupe les obliques O' A , O A ; et O B en parties proportionnelles, ainsi O' A est à O' A' comme O A est à O A", comme O B est à O B'. Mais les triangles B A O et B' A" O sont équiangles et ont leurs côtés homologues, donc O A sera à O A" comme A B est à A" B', mais O' A est à O' A' comme O A est à O A" ; donc, supprimant les quantités O A et O A", et changeant l'ordre des rapports de la proportion restante, on aura A B est à A" B' comme O' A est à O' A'.

Problêmes.

38. *Étant donnés le plan géométral et la hauteur géométrale d'un point isolé, déterminer sa projection.*

Figure 43. Soient le tableau A B C D, le point de vue O, la demi-distance Y, le plan E et la hauteur, au-dessus du plan horizontal, égale à F G. Mettre en perspective le point E (22), et de sa projection E" élever une verticale indéfinie ; en un endroit quelconque de la ligne de terre C D, par exemple en F', rapporter verticalement la grandeur F G, et mener au point X, pris arbitrairement sur l'horizon, les droites F'X et G'X. Or, la droite perspective F' X étant tracée sur le plan horizontal (et tendant à l'horizon), si du point E" on mène une horizontale sur F' X, la rencontre en H de ces deux droites sera à une profondeur perspective égale à celle de la projection du plan du point donné (23), quoique, par son inclinaison, relativement à la ligne de terre, F' H soit plus grande que la droite E' E''. Une verticale, élevée du point H sur la ligne G' X, déterminera en H H' une hauteur perspectivement égale à F' G', car H H' et F' G' sont des parallèles inscrites entre les parallèles perspectives F' X, G' X (36); ainsi H H' est la projection de la hauteur donnée. Mais puisque géométriquement le plan horizontal d'un objet et l'objet lui-même sont disposés verticalement l'un à l'autre, il est évident que le point perspectif doit être sur la verticale E''; donc, en portant sur cette verticale la grandeur G H. par une horizontale menée de H', on déterminera le point *e* pour projection du point donné.

39. *Étant donnés, géométralement, le plan et le profil d'une ligne isolée, déterminer sa projection.*

Figure 44. Soient le tableau A B C D, le point de vue O, la demi-distance Z, le plan E F et le profil G H. Mettre en perspective les points E et F, et de leurs projections élever les verticales indéfinies E', F'. En un endroit quelconque de la ligne de terre, soit en I, élever une verticale et y porter en G' et en H' les hauteurs géométrales des points G et H; mener à un point accidentel les parallèles perspectives I X, H' X, G' X. Des points E' et F' mener des horizontales sur la ligne de terre fuyante I X et élever de chacune des sections K, L

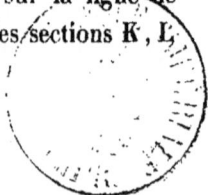

BIBLIOTHEQUE NATIONALE DE FRANCE

3 7531 03333475 7

www.ingramcontent.com/pod-product-compliance
Lightning Source LLC
Chambersburg PA
CBHW070858210326
41521CB00010B/1983